Physik für Anfänger

Wie Sie die physikalischen Grundlagen leicht verstehen und schnell ein solides Basiswissen aufbauen

Markus Reilmann

⚛ INHALT

Das erwartet Sie in diesem Buch

In der Schule war Physik vielleicht ein Unterrichtsfach, das nicht immer auf Beliebtheit gestoßen ist. Es schien oft langweilig und theoretisch und wenn Experimente durchgeführt wurden, waren diese häufig nicht sehr spannend. Man musste oft viele Gegenstände messen, wiegen oder beobachten und die Ergebnisse detailliert notieren. Formeln und Berechnungen waren quasi an der Tagesordnung und hatten durch ihre Komplexität eher eine abschreckende Wirkung. Allerdings ist Physik doch so viel mehr als blanke Theorie. Sie umgibt uns Tag für Tag, auch wenn sie nicht immer sichtbar ist. Wir profitieren von ihr, auch wenn wir uns dessen nicht immer bewusst sind.

In diesem Ratgeber behandeln wir die Grundsätze der Physik. Wir klären, was Physik denn überhaupt ist, und besprechen kurz die Historie dieser Naturwissenschaft und deren Meilensteine. Weiterhin werden wir, neben einigen Grundsätzen und wesentlichen Begriffserklärungen, die sechs klassischen Themengebiete der Physik behandeln: Mechanik, Thermodynamik, Elektrizität (in Verbindung mit Magnetismus), Optik, Akustik und Atom- bzw. Kernphysik.

Natürlich umfasst die Physik noch viel mehr Bereiche als die hier genannten, aber um ein Basisverständnis aufzubauen, beschränken wir uns auf diese grundsätzlichen Themengebiete. Phänomene dieser Themen wurden von Menschen seit Jahrtausenden beobachtet und von Wissenschaftlern erforscht und stetig weiterentwickelt. Bis in die heutige moderne Zeit hinein ist Physik eine Wissenschaft, die uns in unserem alltäglichen Leben unterstützt, auch wenn sie oft unsichtbar erscheint.

Definition der Physik

WAS IST PHYSIK?

Egal ob Naturphänomene wie die Polarlichter, vom Menschen gebaute Strukturen wie Hochhäuser oder Erscheinungen und Effekte, die wir in unserer Welt für selbstverständlich halten, wie der Strom, der aus der Steckdose kommt. All das sind Beispiele für Physik. Der Begriff Physik stammt ursprünglich aus dem Griechischen und bedeutet etwa so viel wie Natur oder natürliche Beschaffenheit.

Physik ist eine sogenannte Grundlagenwissenschaft. Sie beschreibt die Beobachtung von Phänomenen der Natur und deren mögliche Erklärungen. Mithilfe der Physik wurden über Generationen hinweg Gesetze, Modelle und Theorien entwickelt, die versuchen, die Welt in ihren Grundzügen zu erklären und deren Funktionsweisen darzustellen. Hinter all dem steckt also der schier endlose Drang nach Wissen und das Bedürfnis der Menschheit, allen Gegebenheiten dieses Planeten auf den Grund zu gehen und Antworten auf elementare Fragen des Lebens und der Wirkungsweise des Planeten und des Universums zu finden.

Die Physik wird aufgeteilt in die theoretische Physik und die Experimentalphysik. In der theoretischen Physik werden Modelle und Theorien entwickelt, die dann in der Experimentalphysik durch Versuche getestet und im besten Fall bestätigt werden können. Diese Experimente, die auf den Überlegungen der theoretischen Physik aufbauen, können die Denkansätze verifizieren oder widerlegen.

Diese Versuche müssen reproduzierbar und messbar sein und müssen möglichst unter gleichen Bedingungen durchgeführt werden. Reproduzierbarkeit bedeutet, dass Experimente, die unter gleichen Bedingungen durchgeführt werden, die gleichen Ergebnisse erzielen sollten. Die Reproduzierbarkeit eines Versuchs ist in der Praxis allerdings nicht immer leicht umzusetzen, herrscht doch in jedem Experiment eine enorme Bandbreite verschiedenster Bedingungen. Auch der Standort, an dem ein Versuch durchgeführt wird, spielt eine enorm wichtige Rolle. Deswegen müssen im Vorhinein einheitliche Testbedingungen geschaffen werden. Vor allem die quantitativen Ergebnisse (d. h. Ergebnisse, die in Zahlen ausgedrückt werden, z. B. Messungen) können nicht immer genau reproduziert werden. Qualitative Ergebnisse (z. B. visuelle Beobachtungen) sind schon eher zu reproduzieren. Die Messbarkeit der Befunde eines Versuchs hilft dabei, die Beobachtungen zu quantifizieren und im Nachhinein zu bewerten und zu vergleichen.

WAS IST PHYSIK NICHT?

Die Physik geht zwar Hand in Hand mit anderen Naturwissenschaften und es gab eine Zeit, da wurden alle Naturwissenschaften als Physik bezeichnet, aber mit der Zeit haben sich andere wissenschaftliche Zweige definiert und es haben sich Unterschiede entwickelt, die die Physik zu anderen Teilgebieten der Wissenschaft abgrenzt. Die Grenzen sind aber verschwommen und gehen oft ineinander über. Um das an einem Beispiel festzumachen, kann man sich die Abhängigkeit von Chemie und Physik vor Augen führen. Bei chemischen Reaktionen werden Stoffe auf ihrer molekularen Ebene verändert.

Bei der Physik gibt es keine Veränderungen der Stoffe, allerdings möchte man verstehen, warum sich Stoffe so verhalten. In diesem Ratgeber werden an einigen Stellen auch chemische Gegebenheiten erklärt, um ein Gesamtverständnis zu schaffen. Weiterhin profitieren andere wissenschaftliche Gebiete von Erkenntnissen der Physik.

Beispielhaft kann man hier diverse Messeinrichtungen anführen, wie z. B. Seismografen, die Anwendung in der Geologie finden. Aber auch die Physik lebt vom Zusammenspiel mit anderen Naturwissenschaften. Als modernes Beispiel kann man hier die Bionik nennen, die Vorkommnisse in der Natur auf die moderne Technik überträgt. Also reden wir hier von einer Verschmelzung von Biologie und Physik. Oft wird auch die Mathematik als „Sprache der Physik" betitelt, da diese beiden eng verbunden sind. Durch Formeln, Berechnungen und Messungen kann man physikalische Phänomene erklärbar machen. Im Grunde ist das Ziel jeder Naturwissenschaft Zusammenhänge festzustellen und mithilfe dieser Zusammenhänge Erklärungen für Vorgänge in der Natur zu finden. Anhand dieser Erklärungen ist es dann möglich, Fortschritt zu erlangen und den Alltag der Menschheit zu erleichtern oder Lösungen für Probleme zu finden.

PHYSIK IM LAUF DER GESCHICHTE

Heureka! – Fast jeder hat diesen Ausruf schon einmal gehört. Zugeschrieben wird er einem Physiker aus dem antiken Griechenland namens Archimedes. Bei der Entdeckung des physikalischen Prinzips der Wasserverdrängung (welches übrigens dann nach Archimedes benannt wurde), soll er den Ausruf „Heureka" getätigt haben. Es ist also bekannt, dass sich bereits die alten Griechen Gedanken um physikalische Phänomene machten und auf der Suche nach möglichen Erklärungen waren. Bereits damals waren unter anderem Effekte wie Magnetismus, Luftdruck, Auftrieb oder Elektrostatik bekannt.

Geht man in der Geschichte einige Jahre weiter, erreicht man das Mittelalter. Durch die starke religiöse Prägung dieser Zeit hatten es viele Wissenschaftler schwer und mussten für ihre Forschungen oft ihr Leben lassen. Generell wurde der Physik in dieser Zeit kaum Beachtung geschenkt, da die Theologie und die bildenden Künste angesehener waren als Naturwissenschaften.

Als bekanntes Beispiel für physikalische Forschungen im Mittelalter gilt Leonardo da Vinci, der sich mit Hebeln, Optik, Flugkörpern und Ballistik auseinandersetzte. Eine Besonderheit waren in dieser Zeit Alchemisten, die man als die ersten Chemiker bezeichnen könnte, da diese sich, wenn auch häufig weniger erfolgreich, mit der Zusammensetzung von Stoffen befasst haben.

In der Neuzeit wurde die Physik teilweise immer noch als ketzerisch betitelt. Nikolaus Kopernikus entdeckte, dass sich nicht alles um die Erde dreht und entwickelte das Modell des heliozentrischen Weltbilds. Sir Isaac Newton stellte die Grundgesetze der Bewegung auf und Otto von Guericke begründete die Vakuumtechnik. In dieser Zeit wurden auch viele Ansichten verworfen, die seit Jahrhunderten galten und als korrekt empfunden wurden. Beispielsweise entdeckte Christiaan Huygens, dass Licht sich nicht nur geradlinig ausbreitet, und so konnte man erstmals Effekte wie die Reflexion erklären.

Im 19. Jahrhundert erreichte die Anwendung der Elektrizität eine breite Masse. Röntgenstrahlung und Radioaktivität wurden entdeckt und verhalfen der Medizin zu enormen Fortschritten. Gegen Ende des 19. Jahrhunderts wurde das Internationale Einheitensystem (auch SI-Einheiten, frz. Système international d'unités) festgelegt. Dies war der Grundstein für die Normen und Vereinheitlichung der Wissenschaften in der modernen Welt. Es wurde unter anderem festgelegt, wie lang ein Meter, wie schwer ein Kilogramm und wie lang eine Sekunde ist. Das letzte Jahrhundert war in der ersten Hälfte von Fortschritten und Entwicklungen geprägt, die teilweise tragische und desaströse Folgen hatten. Albert Einstein entwickelte die Relativitätstheorie, die im Endeffekt mit der Entdeckung der Kernspaltung zum Bau der Atombombe führte.

In der modernen Welt waren bereits Menschen auf dem Mond, Flugzeuge umkreisen Tag und Nacht den Globus und in jeder Hosentasche befindet sich ein kleiner Computer, der uns den Alltag erleichtert. All diese Errungenschaften der Menschheit wären nicht möglich gewesen, wenn Wissenschaftler nicht geforscht und nie herausgefunden hätten, wie Phänomene der Natur funktionieren. Egal, ob bei der Weiterentwicklung der Elektromobilität, den ersten Flügen zum Mars oder der endgültigen Antwort auf die Frage, warum wir eigentlich existieren, spielt die Physik immer eine große Rolle und es wird immer weiter Wissenschaftler geben, die forschen, Modelle und Theorien weiterentwickeln und Entdeckungen machen, die der Menschheit zu großem Fortschritt verhelfen und unser Leben auf diesem Planeten besser machen.

Grundsätzliche Angaben und Begriffserklärungen
Um ein Grundverständnis zu schaffen, muss man im Vorhinein einige Dinge erklären und beschreiben. Grundbegriffe, die in jedem wissenschaftlichen Fachgebiet auftauchen können, werden anfangs erörtert, damit man eine Basis hat, auf der man spezifische Erklärungen aufbauen kann. Um diese Basis zu erschaffen, klären wir einige allgemeine Begrifflichkeiten der Physik, die aber auch in anderen Wissenschaften Verwendung finden. Gegebenenfalls sind einige Definitionen schon bekannt, aber eine Wiederholung dieser ist nur von Vorteil.

GRÖSSEN UND EINHEITEN

Um Zusammenhänge in der Natur zu verstehen, muss man Überlegungen und Theorien aufstellen, die diese erklären können. Grundsätzlich läuft dieser Prozess nach dem gleichen Schema ab. Zuerst werden Phänomene, Effekte oder Erscheinungen wahrgenommen und beobachtet.

Dafür sollte man mit offenen Augen durch die Welt gehen und auch banale Dinge hinterfragen, wie zum Beispiel die Frage nach dem Grund dafür, warum wir Gegenstände in verschiedenen Farben sehen. Diese Kernfrage wird dann explizit formuliert und mit Experimenten wird versucht, eine Antwort auf diese Frage zu finden. Ist dies gelungen, lassen sich Naturgesetze formulieren.

Viele Dinge lassen sich in Worten ausdrücken. Mithilfe der Mathematik kann man Naturgesetze aber auch in Form einer Gleichung beschreiben. Die Voraussetzung dafür ist, dass ein Ergebnis messbar ist. Eine messbare Größe ist eine Eigenschaft eines Zustands oder eines Körpers. Physikalische Größen bestehen in der Regel aus einem Zahlwert und einer Einheit. Mit Angaben in diesen Einheiten kann man auch rechnen. Haben zwei Werte dieselbe Einheit, kann man diese addieren oder subtrahieren. Eine Multiplikation oder Division kann erfolgen, wenn zwei Werte eine unterschiedliche Einheit haben. Ein bekanntes Beispiel ist die Geschwindigkeit. Bewegt man sich einen Kilometer innerhalb einer Stunde fort, so ist die Geschwindigkeit 1 km/h, also ein Kilometer pro Stunde.

Um die Maßeinheiten für bestimmte Messergebnisse zu vereinheitlichen, wurden sogenannte Basisgrößen festgelegt. Dieses Internationale Einheitensystem umfasst die Einheiten Meter für die Länge, Sekunde für die Zeit, Kilogramm für die Masse, Kelvin für die Temperatur, Ampere für die elektrische Stromstärke, Candela für die Lichtstärke und Mol für die Stoffmenge. Andere Einheiten kann man anhand dieser Basiseinheiten ableiten. Weiterhin sind auch andere Messgrößen, wie z. B. Liter oder Dezibel vom Internationalen Einheitensystem zugelassen.

Man unterscheidet Größen auch zwischen skalaren Größen und vektoriellen Größen. Eine skalare Größe, auch Skalar genannt, ist eine Größe, die man durch eine Zahl und eine Einheit bestimmen kann. Diese Größen sind nicht richtungsabhängig. Die vektoriellen Größen oder auch Vektoren, sind allerdings richtungsabhängig und werden neben des Zahlenwerts und der Einheit durch eine Richtung charakterisiert. Skalare Größen sind unter anderem Zeit und Temperatur und vektorielle Größen sind beispielsweise Kraft oder Geschwindigkeit.

MASSE

Die Masse eines Körpers gibt an, wie schwer er ist bzw. aus wie viel Materie er besteht. Unabhängig vom Standort des Körpers bleibt die Masse unverändert. Die Masse kann man, zumindest auf der Erde, aus der Division des Gewichts eines Körpers und der Erdbeschleunigung errechnen. Das Gewicht (bzw. die Gewichtskraft) gibt an, welche Kraft ein Körper aufgrund der Erdanziehung nach unten hin ausübt. Die Gewichtskraft ist abhängig vom Ort.

In unserem Universum gibt es Orte mit geringeren oder höheren Anziehungskräften. Eine Gewichtskraft wirkt mehr oder weniger stark auf einen Körper, wenn er sich zum Beispiel auf der Erde oder auf dem Mond befindet. Die Masse des Körpers bleibt allerdings gleich. Die Masse eines Körpers wird angegeben in Kilogramm (kg), die Gewichtskraft wird angegeben in Newton (N). Aus der Chemie entnommen ist der Satz der Massenerhaltung, der besagt, dass bei Reaktionen keine Masse verloren geht. Es gibt allerdings Ausnahmen, so wie beim Vorgang einer Kernspaltung.

VOLUMEN

Volumen, umgangssprachlich auch Rauminhalt genannt, gibt den Platzbedarf bzw. die Ausdehnung eines Körpers an. Gemessen wird das Volumen in der Regel in Kubikmeter (m^3). Handelt es sich um ein Gas oder eine Flüssigkeit kann man das Volumen auch in Liter (l) angeben. Das Volumen eines Körpers kann man entweder berechnen oder messen. Eine Berechnung kann über die Außenmaße des Objekts erfolgen.

Eine Berechnung des Volumens eignet sich, wenn die Form des Objekts nicht sehr komplex ist, wie beispielsweise bei einer einfachen Kiste. Falls die Dichte eines Objekts bekannt ist, kann man mithilfe der Masse des Objekts das Volumen bestimmen. Eine Messung des Volumens kann z. B. durch das Prinzip der Wasserverdrängung erfolgen. In ein bis oben mit Wasser gefülltes Behältnis wird das Objekt gelegt. Das nun verdrängte Wasser fließt über den Rand des Behälters und wird aufgefangen. Das Wasser, das nun überläuft, hat das gleiche Volumen wie der Körper, der sich im Wasser befindet.

DICHTE

Die Dichte eines Körpers ist die Masse pro Volumen. Je nachdem, ob ein Körper fest oder flüssig ist, gibt man die Dichte in Kilogramm pro Kubikmeter oder Kilogramm pro Liter an. Hat man zwei verschiedenen Stoffe desselben Volumens, bestimmt die Dichte der Stoffe, welcher Stoff schwerer ist.

Die Ursache, warum zum Beispiel manche Hölzer im Wasser schwimmen und manche untergehen, liegt auch in der Dichte des Holzes. Ist die Dichte eines Holzstücks höher als die Dichte von Wasser, so sinkt das Holz. Ist die Dichte des Holzes leichter als die Wasserdichte, kann es auf der Wasseroberfläche schwimmen. Das gleiche Prinzip gilt auch bei anderen Stoffen, wie z. B. Flüssigkeiten. Deswegen schwimmt Öl auch auf Wasser.

AGGREGATZUSTÄNDE

Es gibt drei klassische Aggregatzustände: fest, flüssig und gasförmig. Bei einem festen Stoff sind die Atome in einer Gitterstruktur angeordnet. Bei flüssigen Stoffen sind die Atome frei beweglich, stehen aber im gegenseitigen Kontakt.

Bei den gasförmigen Stoffen bewegen sich die Atome ebenfalls frei, aber stehen nicht im Kontakt zueinander. Stellt man sich einen festen, einen flüssigen und einen gasförmigen Stoff in einem Behälter vor, so sieht man, dass der feste Stoff seine Form beibehält, der flüssige Stoff passt sich der Form des Behälters an und der gasförmige Stoff nimmt den gesamten Raum des Behälters ein. Durch Temperatur und Druck kann der Aggregatzustand eines Stoffes bestimmt werden.

Ein Gemisch ist ein Stoff, der aus mindestens zwei Reinstoffen besteht. Ein bekanntes gasförmiges Gemisch ist die Luft. Diese setzt sich zusammen aus Sauerstoff, Stickstoff, Kohlendioxid und Edelgasen. Ein Gemisch von Stoffen, die sich in unterschiedlichen Aggregatzuständen befinden, ist beispielsweise Nebel. Dieser ist ein Gemisch aus einem Stoff in flüssiger Form und einem Stoff in Gasform.

DRUCK

Druck ist eine Kraft, die senkrecht auf eine Fläche wirkt. Wird diese Kraft zu einem Objekt hin ausgerichtet, ist dieser Druck positiv. Ist der Druck negativ, spricht man von einem Zug.

Gemessen wird Druck in der Einheit Pascal (Pa). Andere häufig genutzte Einheiten für Druck sind Bar (bar) oder Atmosphären (atm). Druck steht nicht nur in Verbindung mit festen Körpern, sondern auch mit Flüssigkeiten oder Gasen. Ein Druck, der jederzeit auf uns wirkt, ist der Luftdruck. Die Luft um uns herum übt konstant einen Druck aus. Als Faustregel gilt auch: Je höher sich ein Körper befindet, desto weniger Luftdruck wirkt auf ihn.

Der Standardluftdruck beträgt ca. 1 bar. Auf der Spitze des Mount Everest beträgt der Luftdruck allerdings nur ca. 0,32 bar und im Marianengraben, der tiefsten Stelle im Ozean, beträgt der Druck 1070 bar. Der enorme Unterschied liegt hier auch daran, dass der Luftdruck andere Eigenschaften hat als der Druck, den das Wasser ausübt. Da Wasser eine höhere Dichte hat als Luft, kann hier auch mehr Druck ausgeübt werden.

ENERGIE

Der Begriff Energie stammt aus dem Griechischen und bedeutet so viel wie Wirksamkeit. Energie bildet für viele Phänomene in der Physik das Fundament. Formen der Energie sind zum Beispiel Bewegung, Verformung, Wärme, Strahlung oder elektrischer Strom. Gemessen wird Energie in Joule (J).

Es gilt ein Grundsatz in der Energie: Energie kann nicht erzeugt werden und sie kann nicht vernichtet werden. Eine Energie wird nur von einem Körper auf einen anderen Körper übertragen. Das kann in verschiedenen Energieformen passieren. Eine Form der Energie ist die kinetische Energie. Oft wird diese auch als Bewegungsenergie betitelt. Die kinetische Energie ist die Energie, die ein Objekt bei einer Bewegung erhält.

Diese Bewegungsenergie entspricht dem Aufwand bzw. der Arbeit, die aufgebracht werden muss, um einen Körper in Bewegung zu versetzen. Potenzielle Energie, auch Lageenergie genannt, ist die Energie eines Körpers, die durch seine Lage bestimmt wird. Ein Körper, der eine potenzielle Energie besitzt, ist in der Regel ruhend. Der Standort des Körpers ist immer in einer erhöhten Lage.

Da der Körper auf eine Höhe gebracht werden muss, z. B. durch anheben, muss man Arbeit aufwenden, um ihn in diese Position zu befördern. So hat der Körper nun potenzielle Energie, weil er sie z. B. durch einen Fall wieder zurückgewinnen kann.

Eine Form der Lageenergie ist die Spannenergie. Bei einer Verformung eines elastischen Körpers wird die Arbeit, die zur Verformung notwendig war, als potenzielle Energie bzw. in diesem Fall Spannenergie, gespeichert und bei einer Rückverformung wieder freigesetzt. Vorstellen kann man sich das an einer gespannten Feder. Andere Energieformen, beispielsweise die thermische oder elektrische Energie, werden später noch in diesem Ratgeber behandelt.

Mechanik

WAS IST MECHANIK?

Mechanik ist die Lehre von Bewegung und der Kräfte, die auf einen Körper wirken. In diesem Ratgeber befassen wir uns mit der klassischen Mechanik. Diese beinhaltet die Teilgebiete der Kinematik, der Dynamik und der Statik. Man redet von der klassischen Mechanik, um eine Abgrenzung zu modernen Wissenschaftszweigen, wie z. B. der Quantenmechanik zu schaffen.

Die Kinematik ist die Lehre der Bewegungen. Sie befasst sich mit reinen Bewegungsabläufen und deren Geometrie. Geschwindigkeit, Ort, Zeit und Beschleunigung stehen hier im Fokus. Allerdings wird die Ursache der Kräfte nicht in Betracht gezogen. Im Gegensatz dazu steht die Dynamik, die sich zwar ebenfalls Bewegungsabläufen widmet, aber hierbei die Kräfte, die auf einen Körper wirken, untersucht. Grundlage hierfür schaffte Sir Isaac Newton, der die nach ihm benannten Axiome (Grundgesetze) aufstellte. Der dritte Teil der klassischen Mechanik, die Statik, ist die Lehre des Gleichgewichts. Befasst wird sich mit ruhenden Körpern und den Kräften, die auf diese Körper einwirken. Diese Kräfte wirken immer äquivalent zueinander.

GRUNDPRINZIPIEN DER MECHANIK

Um eine Grundlage zu schaffen, gehen wir zunächst auf das Thema der Dynamik ein und erklären in diesem Zuge die drei newtonschen Axiome (Grundgesetze), die Sir Isaac Newton aufgestellt hat und damit grundsätzliche Beobachtungen zu physikalischen Phänomenen aufgestellt hat.

Das erste Newtonsche Axiom ist das Gesetz der Trägheit. Zusammengefasst bedeutet es, dass ein Körper in einem Ruhezustand oder einer geradlinigen Bewegung verweilt, bis eine andere Kraft auf ihn einwirkt. Wenn man also einen Ball anstößt, könnte er, zumindest in der Theorie, ewig weiterrollen, da keine Kräfte auf ihn wirken würden. In der Realität sieht das aber anders aus, da immer Kräfte auf Objekte einwirken wie z. B. der Luftwiderstand oder Reibungskräfte. Diese Kräfte bringen den Ball letztendlich zum Stehen.

Um das Gesetz der Trägheit anders zu visualisieren, stellt man sich einen gedeckten Tisch vor. Zieht man nun die Tischdecke schnell weg, bleibt das Geschirr stehen. Durch den schnellen Impuls, der durch das Wegziehen der Tischdecke gegeben wird, wird das Geschirr nicht schnell genug von den Reibungskräften erfasst und verharrt an der gleichen Stelle. Generell gilt auch: Je größer die Masse eines Körpers ist, desto träger ist er.

Das zweite Newtonsche Axiom, auch Gesetz der Kraft genannt, lässt sich einfach mit der Formel $F = m \cdot a$ ausdrücken. F steht hierbei für die Kraft, m für die Masse und a für die Beschleunigung. Diese Formel gilt auch als Grundgleichung der Mechanik, da sie die Basis vieler Bewegungsgesetze ist. Man kann also aus der Formel ableiten, dass die Ursache einer Beschleunigung immer eine Kraft ist. Eine

Kraft wird in der physikalischen Einheit Newton (N) gemessen. Ein Newton (1 N) entspricht der Kraft, die man benötigt, um einen Körper mit der Masse 1 kg aus einem ruhenden Zustand auf die Geschwindigkeit 1 m/s zu beschleunigen. Eine Kraft kann Objekte nicht nur beschleunigen, sondern auch verformen, wie z. B. bei einem Aufprall. Eine elastische Verformung ist umkehrbar (reversibel) und eine plastische Verformung ist nicht umkehrbar (irreversibel).

Das Wechselwirkungsprinzip ist das dritte Newtonsche Axiom. Oft wird es auch als Gegenkraftprinzip bezeichnet. Es sagt aus, dass eine Kraft nie alleine auftritt, sondern immer paarweise mit einer Gegenkraft. Die Kräfte, die gegeneinander wirken, sind immer gleich stark. Liegt ein Gegenstand auf einem Tisch, so reagiert der Tisch mit entsprechender Gegenkraft.

Würde der Tisch nicht mit der Gegenkraft reagieren, würde er zusammenbrechen. Ein einfaches Beispiel kann man sich bei einem Ruderboot anschauen. Beim Rudern wirkt eine Kraft auf das Wasser entgegengesetzt zur gewünschten Fahrtrichtung (sogenannte actio) und das Wasser gibt dem Boot einen Vortrieb (sogenannte reactio). Das Wechselwirkungsprinzip findet man häufig bei Fortbewegungen, sei es zu Land, zu Wasser oder in der Luft.

Nachdem wir die Grundgesetze der Mechanik erklärt haben, können wir zu den Grundprinzipien der Kinematik übergehen. Wie bereits genannt, ist die Kinematik die Lehre der Bewegungen. Man unterscheidet zwischen drei Formen der Bewegung. Die erste Form ist die Translation. Eine Translation ist eine geradlinige Bewegung. Bleibt die Geschwindigkeit dieser Bewegung konstant, spricht man von einer gleichförmigen Bewegung und bei einer nicht konstanten Geschwindigkeit spricht man von einer ungleichförmigen Bewegung. Die zweite Form der Bewegung ist die Rotation, auch Drehbewegung genannt.

Hier bewegt sich ein Körper auf einer kreisförmigen Bahn und endet an einem bestimmten Punkt. Kräfte, die bei der Rotationsbewegung wirken, nennt man Zentrifugal- und Zentripetalkraft. Die Zentrifugalkraft, umgangssprachlich auch Fliehkraft, ist die Kraft, die einen Körper, der sich um einen Mittelpunkt in einer kreisförmigen Bewegung bewegt, nach außen zieht. Die Zentripetalkraft, auch Radialkraft, hingegen, zieht den Körper zum Inneren hin. Die letzte Form der Bewegung ist die Schwingung, auch Oszillation genannt. Stellt man sich eine Schaukel vor, kann man diese Bewegungsart gut verstehen.

Ein Körper bewegt sich auf derselben Bahn hin und her und hat zwei Umkehrpunkte. Nun reden wir hier von Bewegung, aber was ist das eigentlich? Im Grunde ist Bewegung eine Änderung des Ortes oder der Lage eines Körpers. Allerdings muss man beachten, dass man immer einen Bezug zur Bewegung benötigt. Man kann sich fragen, ob man zum Beispiel bei einer Zugfahrt als Passagier selbst in Bewegung ist oder eben nicht.

Schafft man ein Bezugssystem, kann man die Frage leichter beantworten. Für sich selbst findet im Zug keine Bewegung statt, für einen Außenstehenden allerdings schon. Essenzielle Angaben für Bewegung sind der Ort und die Zeit. Man kann Bewegung feststellen, wenn man den Ort eines Körpers zu verschiedenen Zeiten beobachtet. Daraus kann man natürlich auch die Geschwindigkeit herleiten, die der Quotient aus zurückgelegter Strecke und der Zeit ist. Der dritte Teil der klassischen Mechanik ist die Statik. In der Statik geht es nicht um Bewegung, sondern um ruhende, starre Körper und die Kräfte, die auf sie wirken. Starrheit beschreibt in der Physik einen Körper, der nicht verformbar ist. Die Kräfte, die auf den Körper wirken und die Kräfte des Körpers selber stehen immer im Gleichgewicht. Ein Teilgebiet der Statik sind Schwerpunkte. Mithilfe des Schwerpunkts kann man die Verteilung von Last an einem Objekt ermitteln.

Ein weiterer Bereich der Statik ist die Reibung. Reibung wird unterschieden in Haft-, Gleit- und Rollreibung. Eine Haftreibung liegt vor, wenn zwei Körper sich berühren und aneinanderhaften. Eine Bewegung findet nicht statt. Ohne Haftreibung könnten wir weder mit unseren Füßen den Boden berühren noch Gegenstände so irgendwo abstellen, dass sie nicht wegrutschen würden. Bewegen sich zwei Körper, die aufeinanderliegen, in entgegengesetzte Richtungen, spricht man von Gleitreibung. Eine Rollreibung liegt vor, wenn ein Körper über einen anderen rollt. Anders als bei den vorhergegangenen Reibungsarten hat der eine Körper eine runde Form und so weniger Kontaktfläche, entsprechend auch weniger Reibung. Am bekanntesten ist der Begriff Statik aus dem Maschinenbau oder dem Bauwesen. Dort wird die Tragfähigkeit von Konstruktionen berechnet.

Ein weiterer Grundsatz, der in der Mechanik gilt, wird auch oft als goldene Regel der Mechanik betitelt. Diese Regel wurde Ende des 16. Jahrhunderts von Galileo Galilei formuliert und besagt: „Was man an Kraft spart, muss man an Weg zusetzen". Hat man also ein schweres Objekt, welches man bewegen möchte, will man natürlich so wenig Kraft wie möglich aufwenden. Baut man sich eine Hilfseinrichtung beispielsweise einen Flaschenzug oder einen Hebel, kann man die aufgewendete Kraft verringern, der Weg, der zurückgelegt werden muss, erhöht sich allerdings. Im Endeffekt bleibt die Summe der aufgebrachten Arbeit gleich.

Thermodynamik

Thermodynamik ist die Lehre der Wärme. Genauer gesagt, die Lehre der Beziehungen zwischen Wärme und auftretenden Kräften und den daraufhin auftretenden Erscheinungen. Thermodynamik spielt nicht nur eine Rolle in der Physik, sondern auch in anderen Naturwissenschaften. Ein alltägliches Beispiel für die Auswirkungen von Wärme ist ein klassisches Quecksilberthermometer. Steigt die Temperatur, so dehnt sich das Quecksilber aus und entsprechend zeigt es am Thermometer eine höhere Temperatur an.

Die Ursache des Phänomens, dass warme Luft nach oben steigt, lässt sich übrigens auch mit der Thermodynamik erklären. Warme Luft hat eine geringere Dichte als kalte Luft. Das bedeutet, dass die warme Luft leichter ist und deswegen nach oben aufsteigt.

Thermodynamik hat in der modernen Welt breite Anwendungsgebiete. Von der Heizung im eigenen Haushalt, über Klimaanlagen in Bürogebäuden bis hin zu großen Kraftwerken, die uns täglich mit Energie versorgen.

GRUNDPRINZIPIEN DER THERMODYNAMIK

In der Thermodynamik gibt es Unterscheidungen zwischen drei verschiedenen Systemen. Diese Systeme stellen abgegrenzte Bereiche dar, die dabei helfen, Untersuchungen und Beobachtungen besser durchzuführen, weil Bezugspunkte festgelegt wurden. Abgegrenzt zur Umgebung wird das System durch die sogenannte Systemgrenze.

Das offene System hat keine Systemgrenze, also liegt eine Verbindung zwischen System und Umgebung vor. Stoffe oder Energie können mit der Umgebung ohne Hindernisse ausgetauscht werden. Der Mensch stellt ein offenes System dar, da er ständig

Wärme nach außen hin abgibt. Beim geschlossenen System kann Energie übertragen werden, allerdings keine Materie bzw. physischen Stoffe. Eine geschlossene Wasserflasche kann keine Materie aufnehmen oder abgeben, allerdings nimmt sie Wärme der Umgebung auf.

Das dritte System ist das isolierte System. Beim isolierten System kann weder Materie noch Energie übertragen werden. Das isolierte System ist hauptsächlich eine theoretische Gegebenheit, da man in der Praxis nie eine vollkommene Isolation schaffen kann. Man kann sich als Beispiel allerdings eine Thermosflasche vorstellen, die keine Stoffe aufnehmen oder abgeben kann und nicht von Energieübertragungen beeinflusst wird.

Bei der Wärmeübertragung gibt es ebenfalls drei Arten. Bei der Wärmeleitung wird die Wärme durch einen Leiter übertragen. Manche Stoffe sind hierbei leitfähiger als andere. Bekanntermaßen bietet Metall gute wärmeleitende Eigenschaften, Glas bietet allerdings weniger gute Leiteigenschaften. Bei der Konvektion überträgt sich Wärme durch Strömungen. Diese Strömungen können durch Gase oder Flüssigkeiten verursacht werden.

Konvektion tritt an jeder offenen Flamme auf. Man kann die Wärme spüren, wenn man sich in der Nähe der Flamme aufhält. Eine Konvektion kann nicht in einem Vakuum stattfinden.

Die Wärmestrahlung überträgt Wärme ohne Hilfe von Konvektion oder wärmeleitenden Medien. Diese direkte Wärmeübertragung wird von den meisten Körpern absorbiert, sie kann aber auch reflektiert werden. Im Sommer kann man dieses Phänomen an schwarzen Autos beobachten, die die Wärme direkt aufnehmen und nicht reflektieren. Entsprechend wird es in den schwarzen Autos wärmer, weil die absorbierte Wärme in den Innenraum weitergeleitet wird.

Um eine Temperatur zu messen wurde die Einheit Kelvin (K) festgelegt. Die Temperaturskala nach Kelvin beginnt bei 0 K und entspricht dem absoluten Nullpunkt. Die in Europa gängige Temperatureinheit ist Celsius (°C). Diese Skala orientiert sich an den Eigenschaften des Wassers. Die Einteilung bei Celsius beginnt bei 0 °C. Dies ist der Gefrierpunkt von Wasser. Bei 100 °C erreicht das Wasser seinen Siedepunkt. Es fängt an diesem Punkt an zu kochen. In Nordamerika ist die übliche

Einheit zur Temperaturmessung Fahrenheit (°F), benannt nach Daniel Gabriel Fahrenheit. Dieser legte sich selbst durch Experimente Fixpunkte fest, auf denen er eine eigene Skalierung aufbaute.

Ein weiteres Phänomen, das wir alle schon beobachtet haben, ist die thermische Expansion, auch Wärmeausdehnung genannt. Die meisten Körper, egal ob fest, flüssig oder gasförmig, dehnen sich bei Hitze aus und ziehen sich bei Kälte zusammen. Zweiteres nennt man thermische Kontraktion bzw. Wärmeschrumpfung. Bei der thermischen Expansion verändert sich auch die Dichte eines Stoffes und bei Flüssigkeiten kann es entsprechend zu Druckveränderungen kommen.

Die Folge daraus ist eine Wärmekonvektion, die vor allem bei Luftströmungen, also auch unserem Wetter, eine große Rolle spielt. Die Ursache der Expansion lässt sich auf atomarer Ebene erklären. Die Atome eines Stoffes sind in einer Gitterstruktur angeordnet und sind kontinuierlich am Schwingen. Durch Zufuhr von Wärme bringt man die Atome stärker zum Schwingen und dadurch benötigen die Atome mehr Platz. Dieser Platz wird durch die Ausdehnung geschaffen. Bei der thermischen Kontraktion wird also weniger Platz benötigt und der Stoff zieht sich zusammen. Die Anomalie des Wassers bezeichnet eine Besonderheit des Stoffes Wasser bezüglich der thermischen Expansion. Wasser erreicht seine höchste Dichte bei 4 °C. Bringt man das Wasser auf eine Temperatur, die niedriger liegt, dehnt es sich aus und erstarrt bei 0 °C zu Eis. Da nun die Dichte des Eises geringer ist als die des Wassers, kann man erklären, wieso Eis auf Wasser schwimmen kann. Weiterhin kann die Ausdehnung beim Gefrieren enorme Kräfte entfesseln, die Glasflaschen zum Platzen bringen können.

Grundlage der Thermodynamik sind vier Hauptsätze. Der nullte Hauptsatz, der übrigens so benannt wurde, weil er erst nach den ersten drei Hauptsätzen aufgestellt wurde, beschreibt das thermische Gleichgewicht.

Im Grunde sagt dies aus, dass ein System A, ein System B und ein System C untereinander im Gleichgewicht stehen. Steht System A mit System B im Gleichgewicht, so sind auch System B und System C im Gleichgewicht. Kurz gesagt: Körper mit unterschiedlichen Temperaturen erhalten durch einen Wärmeaustausch dieselbe Endtemperatur.

Der erste Hauptsatz der Thermodynamik ist der Satz der Energieerhaltung. Energien sind zwar umwandelbar, aber es kann keine Energie erzeugt oder vernichtet werden. Die Energie in einem geschlossenen System bleibt konstant und die Summe der Energie verändert sich nicht.

Für den zweiten Hauptsatz wurden im Laufe der Zeit mehrere Formulierungen entwickelt, die allerdings alle einer Kernaussage folgen: thermische Energie fließt immer vom wärmeren zum kälteren Körper. Interpretiert man diesen Satz weiter, kann man auch die Aussage treffen, dass thermische Energie nicht beliebig in andere Energiearten (z. B. mechanische Energie) umwandelbar ist. Bei der Umwandlung von Wärme in andere Energiearten entstehen immer Energieverluste. Der dritte Hauptsatz, auch Nernstscher Wärmesatz genannt, stellt auf, dass der absolute Nullpunkt (0 K bzw. -273,15 °C) in der Praxis nicht erreichbar ist.

Der absolute Nullpunkt ist die Temperatur, an dem es für Atome nicht mehr möglich ist, zu schwingen. Dies gilt allerdings nur für ein perfektes Atomgitter. Da in der Realität eigentlich immer Unregelmäßigkeiten in der Atomstruktur auftreten, müsste man, um die idealen Bedingungen zu schaffen, Energie zuführen, was aber zur Folge hätte, dass sich der Stoff wieder erwärmen würde und somit eine Temperatur oberhalb des absoluten Nullpunkts erreichen würde.

Elektrizität und Magnetismus

Elektrizität oder auch Elektrik ist das Feld der Physik, das sich mit elektrischen Ladungen und elektrischen und magnetischen Feldern befasst. Elektrodynamik behandelt die Bewegung der elektrisch geladenen Teilchen und die Elektrostatik mit ruhenden elektrischen Feldern. Die Elektrizität ist Grundlage der Elektronik, die die technische Anwendung der in der theoretischen Physik aufgestellten Theorien darstellt.

Häufig verstehen wir den Begriff Strom als Synonym der Elektrizitätslehre. Der elektrische Strom ist allerdings nur ein Phänomen, das in der Elektrik auftritt. Im Grunde beschreibt der elektrische Strom den Transport von elektrisch geladenen Teilchen. Elektrizität ist allerdings nicht nur ein Gebiet der theoretischen Physik, sondern findet in vielen Bereichen Gebrauch. Natürlich haben wir alle tagtäglich mit Elektrizität zu tun und unsere gesamte moderne Welt basiert auf dieser Grundkraft der Physik.

Aber die Elektrizität hat ihren Ursprung nicht aus der Steckdose oder aus Kraftwerken. Im menschlichen Körper finden jede Sekunde eine Vielzahl von elektrischen Impulsen statt. Diese Art der auftretenden Elektrizität nennt man bioelektrische Prozesse. Auch in anderen Bereichen der Natur kann man das Phänomen Strom beobachten, wie z. B. die plötzliche Entladung bei einem Gewitter, die dann als Blitz am Himmel erscheint oder die Elektrosensorik, bei der Tiere ein schwaches elektrisches Feld um sich aufbauen können, welches zur Orientierung dient.

In diesem Kapitel wird ebenfalls der Magnetismus behandelt, der eng mit der Elektrizität verbunden ist. Genau wie die Elektrik handelt der

Magnetismus von elektrischen Ladungen. Hier liegt der Fokus aber auf Magnetfeldern, die von diversen Objekten ausgesendet werden können. Bereits in der Antike war Magnetismus bekannt und von da an begleitete er die Menschheit.

Durch einen Kompass, der das Magnetfeld der Erde als Orientierung benutzt, konnte man auf den Weltmeeren navigieren und ein Elektromotor würde ohne Magnetismus nicht funktionieren. Und ebenso wie bei bioelektrischen Prozessen tritt Magnetismus in der Biologie auf. So haben Vögel beispielsweise einen Magnetsinn, der sie bei der Navigation unterstützt. Auch die Medizin profitiert von magnetischen Feldern.

Bei der Kernspintomografie werden durch einen starken Magnet Atome im Körper so angeregt, dass sie eine Spannung erzeugen, die dann sichtbar gemacht werden kann. Die Verbindung von Elektronik und Magnetismus sieht man im Elektromagnetismus, der sich mit dem Effekt von magnetischen Feldern auseinandersetzt, die bei fließendem Strom entstehen.

GRUNDPRINZIPIEN DER ELEKTRIZITÄT

Alle Stoffe, die existieren, bestehen aus Atomen und jedes Atom setzt sich aus kleineren Teilen zusammen. Diese kleineren Teile nennen sich Elektronen, Neutronen und Protonen. Elektronen sind immer negativ geladen, Protonen sind positiv und Neutronen sind neutral. Je nachdem, ob ein Atom mehr negativ oder mehr positiv geladene Teilchen enthält, ist es entsprechend im gesamten positiv oder negativ geladen.

Sind negative und positive Teilchen in gleicher Menge vorhanden, ist das Atom neutral. In der Elektrostatik werden ruhende Ladungen beobachtet und die elektrischen Felder, die von ihnen ausgehen. Bewegen sich diese elektrischen Ladungen, spricht man vom elektrischen Strom, der Teil der Elektrodynamik ist.

Um Strom genauer zu definieren, benötigen wir zuerst zwei Grundvoraussetzungen, die gegeben sein müssen, damit Strom überhaupt fließen kann. Zum einen muss ein Körper frei bewegliche Ladungsträger (Elektronen oder Protonen) enthalten und zum anderen muss eine Spannung vorhanden sein. Vergleichen kann man dieses Phänomen mit einem Wasserrohr. Das Wasser stellt die geladenen Teilchen dar, die durch einen Körper, z. B. einen Draht, fließen. Die Menge der beweglichen und geladenen Teilchen kann gemessen werden. Hier spricht man dann von der Stromstärke, die in Ampere (A) gemessen wird.

Um den Vergleich zum Wasserrohr zu ziehen, kann man sagen, dass die Stromstärke der Durchflussmenge des Wassers entspricht. Je mehr Teilchen sich durch einen Körper bewegen, desto höher ist also auch die Stromstärke. Natürlich spielt die Größe des Körpers auch eine Rolle. Durch einen größeren Körper, wie beispielsweise einen Draht mit einem großen Durchmesser, kann mehr Strom fließen als durch einen Draht mit einem kleinen Durchmesser.

Die Bewegungsrichtung der Teilchen hängt davon ab, ob ein Ladungsträger positiv oder negativ geladen ist. Diese Aussage bezeichnet die physikalische Stromrichtung. Ist ein Körper positiv geladen, so bewegen sich die Teilchen vom Pluspol (positiv) zum Minuspol (negativ). Ist der Körper allerdings negativ geladen, bewegen sich die Teilchen vom

Minuspol zum Pluspol. Im Gegensatz dazu gibt es auch die technische Stromrichtung. Diese geht immer davon aus, dass sich die Teilchen von Plus zu Minus bewegen. In der Praxis geht man in der Regel von der technischen Stromrichtung aus. Grund dafür ist die Vereinheitlichung von Schaltplänen oder Bauteilen. Da der elektrische Strom aber nicht von alleine fließen kann, benötigt man eine elektrische Spannung.

Die Spannung ist die Antriebskraft des Stroms. Spannung kann man im Wassermodell gleichsetzen mit einer Pumpe, die Wasser von einem niedrigliegenden in einen höherliegenden Behälter pumpt. Sie ist also die treibende Kraft. Je höher eine Spannung ist, desto höher ist auch die Stromstärke, sprich: Es fließt mehr Strom. Gemessen wird die Spannung in der Einheit Volt (V). Es gibt zwei Arten der Spannung: Die Gleichspannung und die Wechselspannung. Entsteht in einem geschlossenen Stromkreis an einer Seite ein Überschuss an Elektronen, fließen diese zu der anderen Seite, auf der ein Mangel an Elektronen herrscht.

Diesen Effekt nennt man Ladungsausgleich. Da der Strom also immer in gleicher Richtung fließt und die Spannung entsprechend konstant bleibt, spricht man von einer Gleichspannung. Wechselt der fließende Strom regelmäßig die Richtung, spricht man von einer Wechselspannung. Visualisiert man einen solchen Richtungswechsel, hat dieser häufig den Verlauf einer Sinuskurve.

Das europäische Stromnetz ist im Grunde mit einer Wechselspannung aufgebaut. Der Vorteil liegt darin, dass diese Art der Spannung einfacher erzeugt werden kann und mithilfe von Transformatoren kann man die Stärke der Spannung leicht regeln. Als Gegenpart zur Spannung gibt es den elektrischen Widerstand. Jeder Körper hat einen natürlichen Widerstand, aber es gibt auch Widerstände als Bauteile, die in einem Stromkreis verbaut werden können. Der Widerstand bremst den elektrischen Strom in seiner Bewegung ab. Gemessen wird der Widerstand in Ohm (Ω). Je höher also der Widerstand ist, desto niedriger ist die Spannung. Trifft der Strom auf einen Widerstand, wird die elektrische Energie in thermische Energie umgewandelt.

Die drei grundlegenden Maßeinheiten der Elektrik (Stärke, Spannung und Widerstand) stehen immer im proportionalen Verhältnis zueinander. Dieses Verhältnis wird im Ohm'schen Gesetz dargestellt. Das Ohm'sche Gesetz wird durch die Formel $U=R{\cdot}I$ beschrieben. U steht für die Stromstärke, R für den Widerstand und I für die Spannung. Diese Form der Gleichung besagt also, dass die Stromstärke das Produkt aus Widerstand und Spannung ist. Der Term ist innerhalb der Regeln der Mathematik umstellbar, so dass man jede der angegebenen Größen berechnen kann.

Weitere Kenngrößen der Elektrizität sind die elektrische Energie und die elektrische Arbeit. Elektrische Energie ist die Energie, die durch Elektrizität übertragen oder gespeichert wird. Elektrische Arbeit findet statt, wenn eine Energie durch Elektrizität übertragen wird. Elektrische Arbeit verläuft auch immer proportional zur Spannung und zur Stromstärke. Man kann diese aufgebrachte elektrische Arbeit sofort durch einen Stromabnehmer nutzen oder man speichert diese.

Die Einheit der elektrischen Arbeit ist Joule (J), man kann sie aber auch angeben in Wattstunden oder in der gängigeren Form Kilowattstunden (kWh). Die elektrische Leistung, die in Watt (W) angegeben wird, wird gebildet aus der umgesetzten elektrischen Energie in einem gewissen Zeitraum. Auch die Leistung ist proportional zur Stromstärke und Stromspannung. Die Leistung, die hier effektiv genutzt werden kann, ist die Nutzleistung. Da allerdings nicht immer die gesamte Energie im Ganzen genutzt werden kann, spricht man bei Verlusten der elektrischen Energie von Verlustleistung.

Die Verluste sind in der Regel thermischer Natur. Eine Maximalleistung ist oft auf Geräten angegeben. Mit ihr kann man bestimmen, für welche Leistung das Gerät ausgelegt ist. Wird diese Maximalleistung überschritten, wird das Gerät beschädigt. Wie bereits beschrieben, wird unser Haushaltsstrom in unserem Stromnetz mit Wechselspannung übertragen. So kann es vorkommen, dass Leistung zwischen Verbraucher und Stromquelle ausgetauscht wird. Diese Leistung trägt nicht zur Erzeugung der Energie bei. Tritt das ein, spricht man von Blindleistung.

GRUNDPRINZIPIEN DES MAGNETISMUS

Der Magnetismus beschreibt einen Effekt, der zwischen Magneten bzw. zwei magnetischen Körpern auftritt. Ist ein Körper magnetisiert, baut er ein Magnetfeld auf, welches andere Körper anziehen oder abstoßen kann. Ein Magnetfeld kann entstehen durch die Bewegung von elektrischer Ladung oder durch die atomare Struktur eines Stoffes selbst.

Das Prinzip des Magnetismus ist schon seit Jahrtausenden bekannt. Da auch die Erde selbst ein magnetisches Feld ausstrahlt, kann man mithilfe dessen und einem Kompass die Himmelsrichtung bestimmen und so navigieren.

In der Regel unterscheidet man zwischen zwei Arten von magnetischen Körpern. Zum einen gibt es die Dauermagnete, auch Permanentmagnete genannt. Durch ihren atomaren Aufbau, der auch künstlich durch den Vorgang des Magnetisierens erzwungen werden kann, senden diese Körper dauerhaft ein Magnetfeld aus. Ein Magnetfeld befindet sich zwischen den zwei Polen eines Magnets. Auf der einen Seite des Magnets befindet sich der

Nordpol, auf der anderen Seite der Südpol. Zwei Magnete, die mit den entgegensetzten Polen (Nordpol und Südpol) aufeinander gerichtet sind, ziehen sich an. Richtet man die gleichen Pole zueinander aus, so stoßen sich die Magnete ab. Um das Magnetfeld in Zeichnungen und Abbildungen sichtbar zu machen, nutzt man die sogenannten Feldlinien.

Die Feldlinien des Magnetfelds verlaufen von Richtung Nordpol in Richtung Südpol und schneiden sich nicht. Ist die Dichte an Feldlinien höher, so ist auch das Magnetfeld stärker. In direkter Nähe zum Nord- oder Südpol ist die Magnetkraft am stärksten und sie nimmt ab, wenn man sich von den Polen entfernt. Man kann die Feldlinien auch im Realen sichtbar machen, indem man beispielsweise Eisenstaub um einen Magneten verteilt.

Dieser Eisenstaub ordnet sich dann entsprechend dem Verlauf der Feldlinien an. Um ein Objekt zu magnetisieren, muss man die Teilchen dieses Objekts, welches übrigens ein Metall sein muss, in eine Richtung ausrichten. Dies funktioniert nur bei den Metallen Eisen, Nickel und Kobalt sowie einigen speziellen Legierungen. Da die Teilchen, die man sich selbst wie kleine Magnete vorstellen kann, alle in verschiedene Richtungen ausgerichtet sind, hebt sich die Magnetwirkung innerhalb des Objekts auf. Nimmt man nun einen vorhanden Magneten und streicht damit mehrfach in einer Richtung über das Objekt, richten sich die Teilchen in diesem Objekt in eine Richtung aus und die Magnetkraft wird so gebündelt und das Objekt wird magnetisch. Dieser Vorgang kann zum Beispiel durch starke Erhitzung rückgängig gemacht werden.

Eine andere Form von Magneten sind Elektromagnete. Da auch durch elektrischen Strom ein Magnetfeld ausgelöst wird, sind Magnetismus und Elektronik zwei Themengebiete der Physik, die stark miteinander verbunden sind. Da das Magnetfeld des elektrischen Stroms allerdings recht schwach ist, muss man, um einen Elektromagneten zu erhalten, die Energie der Magnetkraft des Stroms bündeln.

Dementsprechend ist ein Elektromagnet so aufgebaut, dass die Magnetwirkung bestmöglich verstärkt wird. Dies geschieht durch das Wickeln eines Drahts zu einer Spule. Durch die Windungen der Spule werden, sobald Strom durch den Draht fließt, die geringen magnetischen Kräfte kombiniert und so entsteht ein großes Magnetfeld, welches dem eines Dauermagneten ähnlich ist. Wickelt man den Draht um ein Stück Eisen, wird dieser Effekt noch verstärkt. Dieses künstlich aufgebaute Magnetfeld ist stärker als das von Permanentmagneten und darüber hinaus kann man den Magneten so ein- oder ausschalten.

Ein weiterer Effekt, der die Beziehung zwischen Strom und Magnetismus darlegt, ist die elektromagnetische Induktion. Da wir wissen, dass fließender Strom ein Magnetfeld erzeugen kann, gab es von Wissenschaftlern die Überlegung, dass dieses Phänomen auch umgekehrt in Erscheinung treten kann. Eine Spannung an einem elektrischen Leiter kann von einem Magnetfeld erzeugt werden, wenn das Magnetfeld sich um den Leiter bewegt oder an- und abgeschaltet wird. Je schneller sich das Magnetfeld um den elektrischen Leiter verändert, desto höher ist dann die sogenannte Induktionsspannung. Bleibt das Magnetfeld um den Leiter aber gleich, so entsteht keine Induktionsspannung. Elektrische Tonabnehmer an Instrumenten, moderne Herde oder Transformatoren funktionieren mit dem Prinzip der Induktion.

Optik

WAS IST OPTIK?

Optik, die Lehre des Lichts, hat die Ausbreitung des Lichts als Thema. Ohne Licht könnten wir nichts mit unseren Augen wahrnehmen. In der Optik gibt es zwei klassische Teilgebiete: Die Wellenoptik und die geometrische Optik. Die Wellenoptik behandelt das Licht als elektromagnetische Welle und mit ihrer Hilfe kann man unter anderem erklären, wieso wir Farben wahrnehmen. Die geometrische Optik, auch Strahlenoptik, nimmt die Ausbreitung des Lichts nicht als Wellenform, sondern als Strahlenform wahr. Ein Bereich der Strahlenoptik ist z. B. die Reflexion von Licht.

GRUNDPRINZIPIEN DER OPTIK

Da sich die Optik auch als Lehre des Lichts bezeichnet, sollte man klären, was Licht eigentlich ist. Im Grunde ist Licht eine elektromagnetische Strahlung. Je nach Wellenlänge dieser Strahlung ist das Licht für den Menschen sichtbar oder eben nicht sichtbar. Licht, das nicht sichtbar für den Menschen ist, ist zum Beispiel das Infrarotlicht oder das ultraviolette Licht. Objekte, die selbst Licht von sich geben, nennt man Lichtquellen.

Die meisten Objekte sind allerdings keine Lichtquellen. Der Grund dafür, dass wir auch diese Gegenstände mit den Augen wahrnehmen können, liegt darin, dass diese Gegenstände das Licht, welches auf sie scheint, reflektieren. Entsprechend nennt man diese Objekte auch reflektierend. Wird dieses reflektierte Licht dann wahrgenommen, sei es vom menschlichen Auge oder beispielsweise einer Kamera, spricht man vom Lichtempfänger.

Von der Lichtquelle breitet sich Licht, sofern es nicht auf einen Gegenstand trifft, geradlinig aus. Trifft das Licht aber dann auf ein Objekt, wird es reflektiert oder absorbiert. Wenn der Großteil des Lichts reflektiert wird, nimmt man eine Spiegelung wahr. Dies hängt stark von der Struktur der Oberfläche des reflektierenden Gegenstands ab. Ist die Oberflächenstruktur glatt, so wird das Licht direkt reflektiert. Hierbei gilt: Einfallswinkel gleich Ausfallswinkel. Das Licht wird also im gleichen Winkel reflektiert, wie es auf die Oberfläche getroffen ist. Trifft Licht auf eine matte Oberfläche, findet eine diffuse Reflexion statt. Das Licht streut dann in alle Richtungen zurück. Neben der Reflexion kann Licht auch in Form einer Beugung abgelenkt werden.

Da das Licht eine Wellenform besitzt, kann man vom sogenannten Huygensschen Prinzip ausgehen. Dieses besagt, stark vereinfacht, dass jeder Punkt einer Welle eine neue Welle auslöst, und zwar eine sogenannte Elementarwelle. Trifft Licht nun auf ein Hindernis wird das Licht zuerst verengt. Hinter dem Hindernis aber wird das Licht an der Kante des Objekts gebeugt und strahlt in die entsprechende Richtung.

Eine weitere Art der Richtungsänderung von Licht ist die Lichtbrechung oder auch Refraktion. Eine Refraktion des Lichts findet statt, wenn ein Lichtstrahl von einem Medium in ein anderes Medium übergeht, zum Beispiel von Luft zu Wasser.

Ein Teil des Lichts wird hierbei reflektiert, der andere Teil wird gebrochen, d. h. der Lichtstrahl ändert seine Ausbreitungsrichtung, die jetzt nicht mehr geradlinig ist. Der Grund dafür liegt in den Ausbreitungseigenschaften des Lichts und dem Brechungsindex eines Mediums.

Der Brechungsindex, auch optische Dichte genannt, ist eine Eigenschaft von Materialien. Der Brechungsindex gibt das Verhältnis der Lichtgeschwindigkeit in einem Vakuum zu der Geschwindigkeit des Lichts in einem anderen Medium an. Der Brechungsindex, der übrigens in keiner Einheit gemessen wird, beträgt bei Vakuumlichtgeschwindigkeit genau 1. Der Brechungsindex von Wasser beträgt 1,3330. Bei einem hohen Wert des Brechungsindex spricht man von einem optisch dichten Medium, bei einem niedrigen Wert von einem optisch dünnen Medium. In den optisch dünnen Medien bewegt sich das Licht schneller als in den optisch dichten Medien, was auch den Grund für die Brechung des Lichts darstellt.

Die Ausbreitungsgeschwindigkeit des Lichts ist allseits bekannt als Lichtgeschwindigkeit. Die Lichtgeschwindigkeit ist ein konstanter Wert und nichts im Universum bewegt sich schneller als das Licht. Die Lichtgeschwindigkeit beträgt ca. 300 000 km/s bzw. genauer ausgedrückt 299 792 458 m/s. Innerhalb einer Sekunde legt das Licht also einen Weg von ca. 300 000 km zurück.

Dieser Wert gilt allerdings nur für die Ausbreitung des Lichts in einem Vakuum. Wie bereits angeführt, haben unterschiedliche Medien einen anderen Brechungsindex und so eine andere Ausbreitungsgeschwindigkeit. Stellt man ein lichtundurchlässiges Medium in einen Lichtstrahl, entsteht hinter diesem Medium ein Schatten. Lichtstrahlen, die an dem Medium vorbeiziehen, werden Randstrahlen genannt. Benutzt man zwei Lichtquellen, deren Lichtstrahlen sich kreuzen und im Kreuzungsbereich steht ein lichtundurchlässiges Medium, erhält man hinter diesem Medium einen Kernschatten. Der Kernschatten ist der Bereich, an dem kein Licht hingelangt. Neben dem Kernschatten befinden sich sogenannte Halbschatten. Hier strahlt nur ein Teil des abgestrahlten Lichts hin.

Licht an sich ist farblos. Wir nehmen Farben aus zwei Gründen wahr. Der erste Grund liegt in der Biologie, genauer gesagt im menschlichen Auge.

Auf der Netzhaut des Auges befinden sich sogenannte Zäpfchen und Stäbchen, die für die Farb- bzw. die Hell-/Dunkelwahrnehmung verantwortlich sind. Der andere Grund der Farbwahrnehmung liegt in der Physik und der Wellenoptik.

Wie bereits gesagt, ist Licht farblos, aber es strahlt mit den Wellenlängen aller Farben. Dies wird sichtbar, wenn man Licht durch ein Prisma strahlen lässt. Trifft das Licht also auf einen Gegenstand, wird dieser Gegenstand mit allen Farben angestrahlt. Ein Teil der Strahlung wird absorbiert, ein anderer Teil wird reflektiert. Wird z. B. die Wellenlänge der Strahlung reflektiert, die der Farbe Rot entspricht, werden die Zäpfchen auf der Netzhaut aktiviert, die für die Farbe Rot zuständig sind. Der Gegenstand sieht für uns also rot aus.

Die festgelegte Basiseinheit, um Licht zu messen, ist Candela (cd) und gibt die Lichtstärke an. Es gibt allerdings weitere Einheiten, um Licht zu messen. Eine dieser anderen Einheiten ist das Lumen (lm). Lumen gibt den Lichtstrom an. Im Grunde gibt sie an, wie viel Licht eine Lichtquelle nach allen Seiten ausstrahlt. Candela gibt ebenfalls die Lichtstärke an, allerdings nur die, die in einer bestimm-

ten Richtung liegt. Candela ist, genau wie Lumen, eine Sendegröße. Das Lux (lux) hingegen ist eine Empfangsgröße. Mit ihr misst man die Beleuchtungsstärke. Eine Lichtquelle sendet Licht aus, und unter Einbezug des Abstands zur Fläche, auf die die Lichtquelle strahlt, kann man die Beleuchtungsstärke berechnen.

Akustik

WAS IST AKUSTIK?

Akustik ist die Lehre des Schalls und dessen Erzeugung und Ausbreitung. Schall ist eine Schwingung, die wir mit unserem Gehör wahrnehmen. Die Akustik setzt sich aus der physiologischen, der psychologischen und der physikalischen Akustik zusammen. Wir befassen uns hier natürlich mit der physikalischen Akustik, die sich fokussiert mit den ausgesendeten Schwingungen befasst. Man kann in der Akustik einige Parallelen zur Optik ziehen, wie zum Beispiel in den Ausbreitungseigenschaften.

GRUNDPRINZIPIEN DER AKUSTIK

Schall stellt eine Schwingung dar, die von einer Schallquelle verursacht wird. Die Fortbewegung des Schalls findet in Wellenform statt, den sogenannten Schallwellen. Sendet eine Schallquelle Schwingungen aus, wird ein Medium angeregt. Dieses Medium kann beispielsweise die Luft sein. Trifft die Schallwelle dann auf ein Objekt, das selbst in Schwingung versetzt, wie z. B. das Trommelfell, spricht man von einem Schallempfänger. Schallempfänger können Schallwellen in biologische oder elektrische Signale verwandeln.

Eine Schallausbreitung in einem luftleeren Raum ist nicht möglich, da immer ein Medium für die Ausbreitung vorhanden sein muss. Ähnlich wie beim Licht gibt es bestimmte Bereiche, die der Mensch nicht wahrnehmen kann. Die Frequenzen, die außerhalb des für den Menschen hörbaren Bereichs liegen, nennt man Infraschall oder Ultraschall.

Eine Schallwelle kann reflektiert werden. Dieser Effekt ist uns als Echo bekannt. Eine Schallquelle sendet eine Schallwelle aus, die von einem Objekt reflektiert wird und wieder zum Ausgangspunkt zurückreflektiert wird. Ebenso analog zur Ausbreitung von Licht kann Schall gebrochen oder gebeugt werden. Darüber hinaus kann ein sogenannter Schallschatten entstehen, wenn zwischen Schallquelle und Schallempfänger ein Hindernis steht.

Beim Schall unterscheidet man zwischen vier Schallarten. Dem Ton, dem Klang, dem Geräusch und dem Knall. Ein Ton hat eine feste Schwingung in einer gleichbleibenden Frequenz, die sinusförmig verläuft. Je nach Frequenz ändert sich die Tonhöhe. Töne können nach der Tonhöhe geordnet werden, und zwar in sogenannten Tonleitern. Eine Tonleiter besteht aus acht Tönen, einer sogenannten Oktave. Der höchste Ton der Oktave hat eine doppelt so hohe Frequenz wie der tiefste Ton der Oktave. Ein Klang ist eine Überlagerung mehrerer Töne und er setzt sich aus verschiedenen Frequenzen zusammen. Ein Geräusch besteht ebenfalls aus mehreren Frequenzen, die allerdings nicht miteinander harmonieren. Auch bei einem Knall überlagern sich mehrere Frequenzen. Die Lautstärke flacht allerdings rapide ab.

Ähnlich wie die Lichtgeschwindigkeit breitet sich Schall auch mit seiner eigenen Geschwindigkeit aus. Diese nennt man Schallgeschwindigkeit. Sie beschreibt die Geschwindigkeit, mit der sich Schallwellen in einem bestimmten Medium bewegen. Bei trockener Luft beträgt die Schallgeschwindigkeit ca. 343,2 m/s (1236 km/h).

Diese Geschwindigkeit ist um einiges niedriger als die Lichtgeschwindigkeit und deswegen passiert es, dass man manchmal auf Distanz etwas visuell wahrnimmt, aber die dadurch ausgelöste Schallwelle erst später bemerkt wird. Mithilfe dieses Phänomens kann man grob die Entfernung eines Gewitters bestimmen.

Da das Licht eine höhere Geschwindigkeit hat, wird zuerst der Blitz wahrgenommen und danach hört man erst den Donner. Da die Schallwellen des Donners ca. einen Kilometer in drei Sekunden zurücklegen, dividiert man die Zeit zwischen Blitz und Donner durch drei und so erhält man die grobe Entfernung des eigenen Standorts zu dem des Blitzes, also auch dem des eigentlichen Gewitters. Die Schallgeschwindigkeit wird auch in der Einheit Mach angegeben. Mach 1 entspricht also der Schallgeschwindigkeit. Bewegt sich ein Objekt schneller als Mach 1 spricht man von der sogenannten Überschallgeschwindigkeit. Mach 2 entspricht also der doppelten Schallgeschwindigkeit. Erreicht ein Objekt, oft sind dies Flugzeuge, Überschallgeschwindigkeit, so durchbricht es die Schallmauer. Ein Objekt schiebt Druckwellen vor sich her, die sich mit Schallgeschwindigkeit ausbreiten.

Erreicht das Objekt eine Geschwindigkeit von größer als Mach 1, holt es die vor sich hergeschobenen Druckwellen ein. Diese können dann nicht mehr ausweichen, werden gestaucht und das Objekt durchbricht diesen Punkt mit einem lauten Knall. Das Durchbrechen der Schallmauer ist übrigens kein modernes Phänomen. Der Knall beim Schwingen einer Peitsche folgt demselben Prinzip.

Die Stärke des Schalls, umgangssprachlich auch Lautstärke, wird dargestellt durch den Schalldruck. Schalldruck sind Druckschwankungen, die bei Ausbreitung von Schallwellen in einem komprimierbaren Medium (z. B. Luft) auftreten. Mit dem Schalldruck kann man den Schalldruckpegel bestimmen, der mit der Hilfsgröße Dezibel (dB) angegeben wird. Die Dezibelskala verläuft nicht linear, sondern logarithmisch. Wird also ein Geräusch um 10 dB erhöht, verzehnfacht sich die Schallintensität. Normales Atmen hat etwa 10 dB, Regen hat 55 dB und ein Rockkonzert ca. 110 dB. Die Schmerzgrenze des Menschen liegt bei etwa 120 dB. Das ist ca. die Lautstärke eines Presslufthammers. Ab dieser Lautstärke ist es auch möglich, dass das Gehör selbst nach kurzer Zeit irreversible Schäden davonträgt.

Ein bekannter Effekt der Akustik ist der sogenannte Doppler-Effekt, benannt nach dem Physiker Christian Doppler. Befindet man sich in der Stadt und hört von Weitem die Sirene eines Rettungswagens, kommt einem das Geräusch aus der Ferne anders vor, als wenn der Rettungswagen sich direkt vor einem befindet. Ist der Rettungswagen noch in der Ferne, wirkt der Ton tiefer, nähert sich der Rettungswagen, wirkt der Ton höher.

Die Sirene des Rettungswagens sendet Schallwellen aus, die sich durch die Bewegung des Fahrzeugs nach vorne hin stauchen und nach hinten dehnen. Diese Stauchung und Dehnung ändert die Frequenz der Schallwellen und so die Tonhöhe.

Atom- und Kernphysik

WAS SIND ATOM- UND KERNPHYSIK?

Die ganze Welt besteht aus Atomen. Atome sind kleine Teile, aus denen jedes Element zusammengesetzt ist. Ein Atom ist ein chemisches Element, das im Periodensystem gelistet ist. Die Atomphysik befasst sich hierbei mit der Hülle eines Atoms, die Kernphysik mit dem Atomkern. Die Kernphysik wird auch als Nuklearwissenschaft bezeichnet. Untersucht wird in diesen Wissenschaften auch unter anderem die Strahlung, die von Atomen ausgehen kann. Atomare Strahlung ist auch unter dem Begriff Radioaktivität bekannt.

Atome spielen in der Chemie eine große Rolle, da ohne sie stoffliche Veränderungen oder Reaktionen nicht möglich wären. Auch das Periodensystem der Elemente, in dem die Atome nach Stoffgruppen (z. B. Metalle oder Gase) und Anzahl der Protonen im Kern geordnet sind, spielt eine elementare Rolle in der Chemie.

GRUNDPRINZIPIEN DER ATOMPHYSIK

Atome bestehen aus einem Atomkern und einer Atomhülle. Der Atomkern, der aus Neutronen und Protonen besteht, macht über 99 Prozent der Masse eines Atoms aus. Die Protonen sind positiv geladen und die Neutronen, die in einem Massengleichgewicht zu den Protonen stehen, sind neutral. Die Inhalte des Atomkerns, also Protonen und Neutronen, werden auch als Nukleonen bezeichnet. In der Atomhülle befinden sich die Elektronen.

Im Laufe der Geschichte wurden einige Modelle zum Aufbau eines Atoms entwickelt. Als eine der ersten Theorien zum Atomaufbau gilt das Demokrit-Modell. Dieses Modell geht zurück auf den griechischen Philosophen Demokrit, der sagte, dass alle Stoffe aus kleinen unteilbaren Einheiten, den sogenannten Atomen (griechisch: unteilbar), bestehen. Anfang des 19. Jahrhunderts spezifizierte der Wissenschaftler John Dalton dieses Modell und stellte die These auf, dass Materie aus nicht teilbaren kleinen Kugeln besteht und charakteristische Eigenschaften dieser Kugeln die Masse und deren Größe sind.

Ebenfalls sagte er, dass mehrere Atome sich zu Atomverbindungen (Molekülen) verbinden können. Etwa ein Jahrhundert später vermutete J. J. Thomson, dass Atome eine negative und eine positive Ladung besitzen können, nach außen hin aber neutral sind und Elektronen abgeben oder aufnehmen können. Eines der bekanntesten Atommodelle ist das Modell nach Rutherford.

Durch einen Versuch stellte er fest, dass ein Atom eine durchlässige Hülle und einen undurchlässigen Kern haben muss. Ebenfalls bemerkte er die positive Ladung des Atomkerns und den fast leeren Raum der Atomhülle, in der sich nur die Elektronen befinden. Eine moderne vereinfachte Darstellung eines Atoms, welche heute noch Anwendung findet, ist das Schalenmodell. In ihm sind um den Atomkern mehrere Schalen, in denen sich die Elektronen befinden. Da die Elektronen vom Atomkern angezogen werden, stellte man natürlich fest, dass Elektronen, die näher am Atomkern sind, eine größere Anziehungskraft zum Kern haben.

Atome können radioaktiv tätig sein. Radioaktivität ist der Vorgang, bei dem Atomkerne sich ohne Einfluss von außen in einen oder mehrere neue Atomkerne verwandeln. Dieser Prozess wird auch Zerfall genannt. Bei diesem Vorgang wird Strahlung freigesetzt. Hierbei gibt es drei Arten der Strahlung: Alphastrahlung, Betastrahlung und Gammastrahlung. Die Alpha- und Betastrahlung sind sogenannte Teilchenstrahlungen. Teilchenstrahlung beschreibt eine Strahlung, deren Masse ungleich null ist. Vereinfacht gesagt, ist bei der Alphastrahlung das ausgesendete Alphateilchen der Kern eines Heliumatoms.

Da diese Teilchen eine große Masse haben, können sie nicht tief in Materie eindringen. Entsprechend haben sie kaum eine Schadwirkung auf Stoffe oder Organismen. Die Betastrahlung wird in zwei Arten unterteilt. Zum einen gibt es die Beta-

Plusstrahlung, bei der ein positives Teilchen ausgesendet wird und die Beta-Minusstrahlung, bei der ein negatives Teilchen ausgesendet wird. Betastrahlung weist eine höhere Eindringtiefe als Alphastrahlung auf, diese ist aber dennoch nicht sehr hoch. Bereits ein Stück Blech kann diese Strahlung abschirmen. Trifft Betastrahlung auf die Haut, kann es zu Verbrennungen kommen. Gammastrahlung tritt immer zusätzlich zur Alpha- oder Betastrahlung auf, da sie durch dieselbe Ursache ausgelöst wird.

Die Atomkerne bleiben nach der Umwandlung in einem angeregten Zustand. Beim Übergang in einen ruhigeren Zustand wird Gammastrahlung ausgestrahlt. Gammastrahlung hat eine sehr hohe Eindringtiefe in Materie. Um eine Abschirmung gegen diese Strahlung zu gewährleisten, benötigt man ein Material mit einer hohen Dichte. Ein häufig verwendetes Material zur Abschirmung von Gammastrahlung ist Blei. Gammastrahlung hat eine sehr negative Wirkung auf Organismen. Sie kann das Erbgut verändern, Zellen zerstören und es können sich Tumore bilden, die letztendlich zu einer Krebserkrankung führen können.

Da man die Zeit des Zerfalls von bestimmten Atomkernen nicht bestimmen kann, muss eine Hilfsgröße geschaffen werden. Hierbei nimmt man eine große Anzahl an Atomkernen gleicher Art und beobachtet diese. Die Zeit, in der die Hälfte der Atomkerne zerfallen ist, ist die sogenannte Halbwertszeit. Da diese Angabe exponentiell ist, bleibt sie immer gleich, egal, von welchem Startzeitpunkt man ausgeht.

In der Kernphysik gibt es ein Phänomen, bei dem Atomkerne in mehrere kleinere Kerne zerlegt werden. Das ist die sogenannte Kernspaltung. Bei einer Kernspaltung werden enorme Mengen an Energie freigesetzt und sie wird häufig in Kraftwerken angewendet. Eine Kernspaltung kann von alleine stattfinden, allerdings kann man daraus keinen Nutzen ziehen.

Bei der induzierten Kernspaltung wird die Kernspaltung bewusst hervorgerufen. Ein Atomkern wird hier mit Neutronen beschossen. Dadurch wird der Atomkern angeregt und will diesen angeregten Zustand wieder verlassen, dabei spaltet er sich und eine Kettenreaktion wird ausgelöst, die weitere Spaltungen verursacht. Durch diese Kettenreaktion wird eine große Menge Energie freigesetzt. Dieses Prinzip machte man sich beim Bau der Atombombe zunutze. Ebenfalls gibt es den umgekehrten Effekt: die Kernfusion.

Hier kombinieren sich zwei kleine Atomkerne zu einem größeren Kern. Bei dieser Fusion wird ebenfalls eine große Menge an Energie freigesetzt. Es besteht aber das Problem, dass sich die Atomkerne nur schwer zusammenbringen lassen, da sie beide positiv geladen sind und sich dementsprechend abstoßen.

Um diese negative Anziehung zu überwinden, müsste man enorme Hitze auf die Kerne einwirken lassen, was aber in der Praxis mehr Energie benötigen würde, als bei der Kernfusion entstehen könnte. Auch das Prinzip der Kernfusion wurde für Waffen benutzt. Die Wasserstoffbombe, die eine um eine enorm höhere verheerendere Wirkung hatte als die Atombombe, basierte auf dem Prinzip der Kernfusion. Das Hauptziel der Kernspaltung und der der Kernfusion soll es aber sein, Energie zu erzeugen und diese effizient zu nutzen, z. B., um Strom zu erzeugen.

Abschluss

In diesem Ratgeber wurden nur einige grundsätzliche Themengebiete der Physik aufgegriffen und erklärt. Natürlich hätte man an einigen Stellen weiter in die Tiefe gehen können oder andere Themen oberflächlicher behandeln können.

Das sollte aber nicht der Zweck dieses Ratgebers sein. Einige der Grundprinzipien der klassischen Physik sollten so erklärt werden, dass jeder sie verstehen und die Grundprinzipien im besten Fall auch anwenden kann. Eventuell wurden jetzt in einigen von Ihnen die Neugier und der Forschergeist geweckt und Sie recherchieren und informieren sich zu den verschiedenen Themengebieten eigenständig weiter. Durch Neugier und Tatendrang haben es die Wissenschaftler seit Generationen geschafft, neue Entdeckungen und Erfindungen zu machen und das zu der jeweiligen Zeit vorhandene Weltbild komplett zu ändern oder zu aktualisieren.

Um Friedrich Dürrenmatt aus seinem Werk „Die Physiker" zu zitieren: „Der Inhalt der Physik geht die Physiker an, die Auswirkungen alle Menschen". Die Physik versucht zu beschreiben, was auf diesem Planeten und im gesamten Universum für Grundgesetze herrschen. Diese Grundgesetze wirken für alle Menschen, für alle Tiere und für alle Dinge um uns herum und mit ihr können wir alle Funktionsweise dieser Welt besser verstehen und grundsätzliche Effekte, Erscheinungen und Phänomene erklären.

Herstellung und Verlag:

BoD – Books on Demand, Norderstedt

ISBN: 9783752603026

1. Auflage

Kontakt: Psiana eCom UG/ Berumer Str. 44/ 26844 Jemgum

Covergestaltung: Fenna Larsson

Coverfoto: depositphotos.com

FSC
www.fsc.org
MIX
Papier aus ver-
antwortungsvollen
Quellen
Paper from
responsible sources
FSC® C105338